真是令人大开眼界呀！

13 脚掌

[法]安娜－贝内迪克特·施维贝尔 编　章婵 译

中信出版集团 | 北京

图书在版编目（CIP）数据

真是令人大开眼界呀！. 13, 脚掌 / (法) 安娜 - 贝内迪克特 · 施维贝尔编 ; 章婵译 . -- 北京 : 中信出版社 , 2023.11
ISBN 978-7-5217-5850-4

Ⅰ . ①真… Ⅱ . ①安… ②章… Ⅲ . ①科学知识 - 儿童读物②足 - 儿童读物 Ⅳ . ① Z228.1 ② R323.7-49

中国国家版本馆 CIP 数据核字（2023）第 120252 号

真是令人大开眼界呀！ 13 脚掌

编　　者：[法] 安娜 - 贝内迪克特 · 施维贝尔
译　　者：章婵
出版发行：中信出版集团股份有限公司
（北京市朝阳区东三环北路27号嘉铭中心　邮编　100020）
承 印 者：北京尚唐印刷包装有限公司

开　　本：889mm × 1194mm　1/16　　印　　张：2.5　　字　　数：66千字
版　　次：2023年11月第1版　　印　　次：2023年11月第1次印刷
京权图字：01-2023-1613
书　　号：ISBN 978-7-5217-5850-4
定　　价：398.00元（全20册）

出　　品：中信儿童书店
图书策划：小飞马童书
总 策 划：赵媛媛
策划编辑：白雪
责任编辑：许美琳
营　　销：中信童书营销中心
美术设计：谢佳静
内文排版：王莹

服务热线：400-600-8099
投稿邮箱：author@citicpub.com

目 录

第一部分 故事篇 / 2

第二部分 游戏篇 / 18

第三部分 五花八门 / 28

我是乔治，我出现在书中的各处，准备和你一起阅读。

约翰尼·韦斯穆勒：

丛林和泳池之王

文本与绘图：维尔吉妮·莫尔岗

也许你们从来没有听说过这个名字，但你们或许认识这个在丛林里游荡，在藤间穿梭的人。从 1932 年起，近二十年间，约翰尼·韦斯穆勒在十二部电影中扮演了人猿泰山的角色。他那惊人的发达肌肉和身为游泳运动员的才能让他成为艺术史上最著名的泰山！

被猿猴收留的泰山统治着非洲丛林。

他浑身上下只有一条缠腰布和一把用来捕猎、打架和刮胡子的小刀。

泰山拥有多种才能。

他可以通过叫声跟任何一种陆地动物沟通。

他可以在几秒钟之内将一头狮子打倒在地，将女孩简从危险中解救出来。

约翰尼是如何成功塑造泰山的呢?

1905年，约翰尼和家人一起来到美国。

小约翰尼身体不太好，医生建议他去上游泳课。

约翰尼不仅通过游泳战胜了疾病，

还继续了这项运动，到处参加比赛。

约翰尼想成为运动健将，走遍全世界。
他需要一份护照。

他伪造了身份证件，冒充具有美国国籍的弟弟。

最后，他终于坐上飞往法国的班机，去参加**奥运会。**

比赛项目：100 米自由泳。成绩：59 秒。

对于 100 米自由泳，他是曾以 58 秒 6 的成绩成为世界上第一个游进 1 分钟以内的人！（1922 年）

在三天时间里，他获得了四枚奖牌。

他打破了前奥运会冠军库杜克·卡哈纳莫库在这一项目上的三连胜纪录。

约翰尼在游自由泳时的特点是将头露出水面，这是在水球运动中用到的方法。

他甚至发明了水下转身技术。

四年以后，约翰尼再次参加奥运会，他在100米自由泳中成功卫冕。

在奥运赛场上，他一共获得了五枚金牌和一枚铜牌。

好莱坞
从泳池中走出的约翰尼身材健硕，外表迷人！先后有人邀请他为男性内衣品牌和泳衣当模特。
约翰尼跑遍了全美国，和模特们在各种游泳秀上表演，到处给别人签名。

约翰尼被好莱坞选中出演埃德加·赖斯·巴勒斯笔下著名的“人猿泰山”一角。
哦——依哦依哦依哦哦——
依哦依哦哦哦——
令人惊叹的发达肌肉和身为游泳运动员的才能让约翰尼深受大众喜爱。
他在十二部电影中出演泰山这个角色，创造了独有的叫声，因此成为电影史上最著名的泰山！

在奥运会上获得成功并成为演员后，他终于获得了美国国籍。

约翰尼息影后全身心投入自己的爱好中，他的这个爱好就是和朋友们一起打高尔夫球！

有一次，在古巴参加高尔夫比赛时，他和朋友们被绑架了。

约翰尼知道如何保持冷静，

并且成功地用他独创的“泰山吼叫”软化了劫持者。

熟悉美国文化的劫持者认出了他。

约翰尼和他的朋友们不仅被释放，劫持者们还一路护送他们。

约翰尼是永远的泰山！

采访贝尔纳·莱尔米特

文本与绘图：维尔吉妮·莫尔刚

贝尔纳·莱尔米特无论如何也要在《约翰尼·韦斯穆勒：丛林和泳池之王》这个故事中扮演主角。贝尔纳透露，他不仅与约翰尼·韦斯穆勒有很多相似之处，而且也特别喜欢泰山这个人物。

在这个故事中，您扮演的是泰山的扮演者约翰尼·韦斯穆勒。您是不是感觉有点混乱？

贝尔纳 有一点儿，扮演一个真实人物，而这个人又要饰演某个角色，这确实比较复杂。尤其这是我第一次担任主角，所以确实有些困惑！但我觉得我做得还不错！（笑）一看到有“泰山”的试镜，我立马就冲过去了！制片方立刻就决定用我了，因为我长得跟他特别像。最后，最让我烦恼的是服装，因为拍摄期间我觉得有点冷！

您有专门练习著名的“泰山吼叫”吗？

贝尔纳 坦率告诉您，我完全不需要吼，那其实是一段奥地利约德尔调①的录音，把它倒过来播放并加速就可以了。不好意思，让您失望了，但确实是假唱！当时的导演在拍摄电影《泰山和他的伙伴》时想到了这个吼叫的点子。

您从泰山身上学到了很多东西吗？

贝尔纳 老实说，我很喜欢这个人物，我看过所有泰山系列的电影。通常我不会这么钻研电影。要知道，到现在为止，我一直在演一些小角色或者在“肥皂剧”中当群众演员。

剧中有很多游泳场面，您本身就很爱这项运动吗？

贝尔纳 您相信吗？我出生的时候脚是泡在水里的！我还在船上工作过。但和约翰尼·韦斯穆勒相反，我宁愿待在船上而不是水中。还有比赛，我几乎没怎么参加过比赛！所以我进行了长达数月的强化训练。为了游得更快，我用上了脚蹼，比如在被鳄鱼追逐的那场戏里。但是那些难度更高的水上场面则是由一位替身演员完成的。

这个夏天您有什么计划吗？

贝尔纳 我会在海边租一个小木屋，放松一下心情。我叫贝尔纳·莱尔米特（法语中，这个名字与寄居蟹谐音）是有原因的！我将利用这个夏天，去海里试试脚蹼，或者也可以趁这个机会去考个潜水证！

① 即约德尔唱法，主要流行在瑞士和奥地利交界的阿尔卑斯山区和奥地利蒂罗尔州的一种民歌唱法。

“拍摄期间我觉得有点冷！”

让·内马尔寄宿学校

当大人们重返学校

文本与绘图：玛丽·米尼奥

错别字作业

姑娘们！你们有吃的吗？我饿了！
呃……
没有……
我们刚刚才吃完呀！
食堂的饭菜太难吃了！
呸！
呕！
你们这三个话匣子，别说啦！
伊莱纳，糟透了！3分！
很可能您抄了贝尔纳的作业！
我？抄作业？我连20厘米以外的东西都看不见！
我们必须……
逃离……
这所烂学校！
啊！让·莫里斯，一份完美的作业！满分！
您作业里的错误跟天上的星星一样多！
其他人要好好向他学习！
完

戴安娜·尼亚德：一直游到梦的尽头

文本：樊尚·雅多　　绘图：塞维里·米耶

2013年，一位美国游泳女将遨游170公里，在经过五次尝试后，终于完成了这个历时近53小时的壮举。

“你觉得我们能游到古巴吗？”

八岁时，戴安娜每次和妈妈一起去佛罗里达(位于美国东南部)基韦斯特的海滩时，她总会问这个问题：“你觉得我们能游到古巴吗？”古巴岛就在海滩对面，但远在170公里之外。

20年后，戴安娜·尼亚德开始尝试横渡海峡，游到古巴。与以前许多伟大的游泳运动员一样，她也失败了。但第二年，她打破了一项海泳纪录：她游完了比米尼岛和基韦斯特之间的165公里海域。

在那时，戴安娜被认为是全世界顶尖的远距离游泳选手，她一直没有放弃童年的梦想。可惜的是，她接下来的三次尝试都失败了。1997年，苏珊·马罗尼先一步成功完成了古巴与佛罗里达之间的横渡。但是，有一个重要的细节，那就是这位年轻的澳大利亚游泳女将在横渡过程中一路处在防鲨网的保护下。因为除了距离遥远以外，这项挑战还充满许多风险：逆向洋流、危险的水母和鲨鱼等。

2013年，当戴安娜进行第五次也是最后一次尝试时，她已经64岁了。为了区别于苏珊·马罗尼，打破纪录，她决定放弃使用具有保护作用的防鲨网。但是，工作人员使用了磁场来驱赶鲨鱼。她身穿防水母蜇伤的连体泳衣，并且有一个团队开船跟随。她任何时候都不能离开水，哪怕是吃饭或休息时，否则她的成绩将被视为无效。晚上，她就在黑暗中前进，因为光线会吸引水母和小鱼，而小鱼又会引来鲨鱼。

为了打发时间，戴安娜就在脑海中唱歌。一切进展顺利，直到她被一只海蜂水母蜇了。这是一种特别稀有的水母，也是世界上最危险的十种动物之一。戴安娜完全没料到会被这种动物袭击，因为它通常生活在澳大利亚和菲律宾海域。

但什么也阻挡不了戴安娜。精疲力尽的她在水中度过52小时54分钟之后，终于到达了基韦斯特（她从古巴出发）。她用力地向人群大声喊：“永不放弃……追逐梦想不分年纪。”她还说古巴和美国之间的距离比人们想象的要近（这是针对1960年以来两国之间的紧张关系而言的）。

在此之后，戴安娜继续进行各种挑战。比如为了给一场飓风的受灾者筹集资金，她在纽约曼哈顿市中心的一个泳池里连续游了48小时。

最后要指出的是，在完成所有这些壮举的过程中，戴安娜·尼亚德从来没有穿过脚蹼！

■ 游戏1 ■

扑通，扑通！

绘图：安娜·塞克萨

在图中，我们能看到4个人，他们正在泳池里游泳。画面分别呈现的是同一时刻的俯视图和仰视图。

A. 仔细观察图片，找出两张图中7个不合理的地方。

B. 组成词链，使得第一个词的词末与第二个词的词首读音相同，并以此类推。乔治已经标出开头的两个词，请你继续标注下去！

威力	织毛衣	稍微	使者	自然	荔枝	伊始	燃烧
……	……	……	……	1	……	……	2

C. 每一个数字代表一种泳姿，请把它写在对应的游泳者旁边。

1. **蛙泳**（姿势：面朝下，胳膊和腿动作对称）

2. **自由泳**（姿势：面朝下，胳膊和腿动作不对称）

3. **蝶泳**（姿势：面朝下，胳膊和腿动作对称）

4. **仰泳**（姿势：面朝上，胳膊和腿动作不对称）

■ 游戏2 ■

如鱼得水

绘图：玛丽昂·阿尔伯纳

乔治在思考一个问题：动物们在水里是怎么移动的呢？下面是几种动物的回答。

每一个数字代表一种回答，请把它写在下面图片上对应的动物旁边。

1. “是的，在沙滩上我横着走。而一旦进了大海，多亏了我的划水足，我跟您说，我游得还挺不赖的！”

2. “真是个傻问题！您知道我的脚是有蹼的！”

3. “您看到我那桨状的前肢吗？相信我，它们比桨还好使！”

4. “我长长的身体后面长着一条呈水平鳍状的尾巴。人类就是从这儿获得灵感，发明了脚蹼。大部分的鱼类也有尾巴，但它们的尾巴与水面是垂直的。”

5. “不需要腿和鳍，像我这样就行了。让身体左右扭动，呈S形！”

6. “我是一种甲壳类动物，可以向后游。”

7. “来听听我们的特长吧，这在动物界是独一无二的！我们将水吸入体腔，然后用力喷出高速水流，从而向后运动。当敌人靠近时，我会喷出墨汁，在掩护下逃走。”

8. “虽然我直立着游泳，大家都叫我‘海里的马’，但我要趁此机会告诉所有的读者，我是鱼！”

9. “我的翅膀不能让我在天空飞翔，但能让我在海里遨游！我游得很快，有时能达到25公里/时！”

■ **游戏3** ■

叮！手工时间到了！

设计者：让-大卫·曼斯鲁

小朋友们，

一起来动手玩一玩吧！

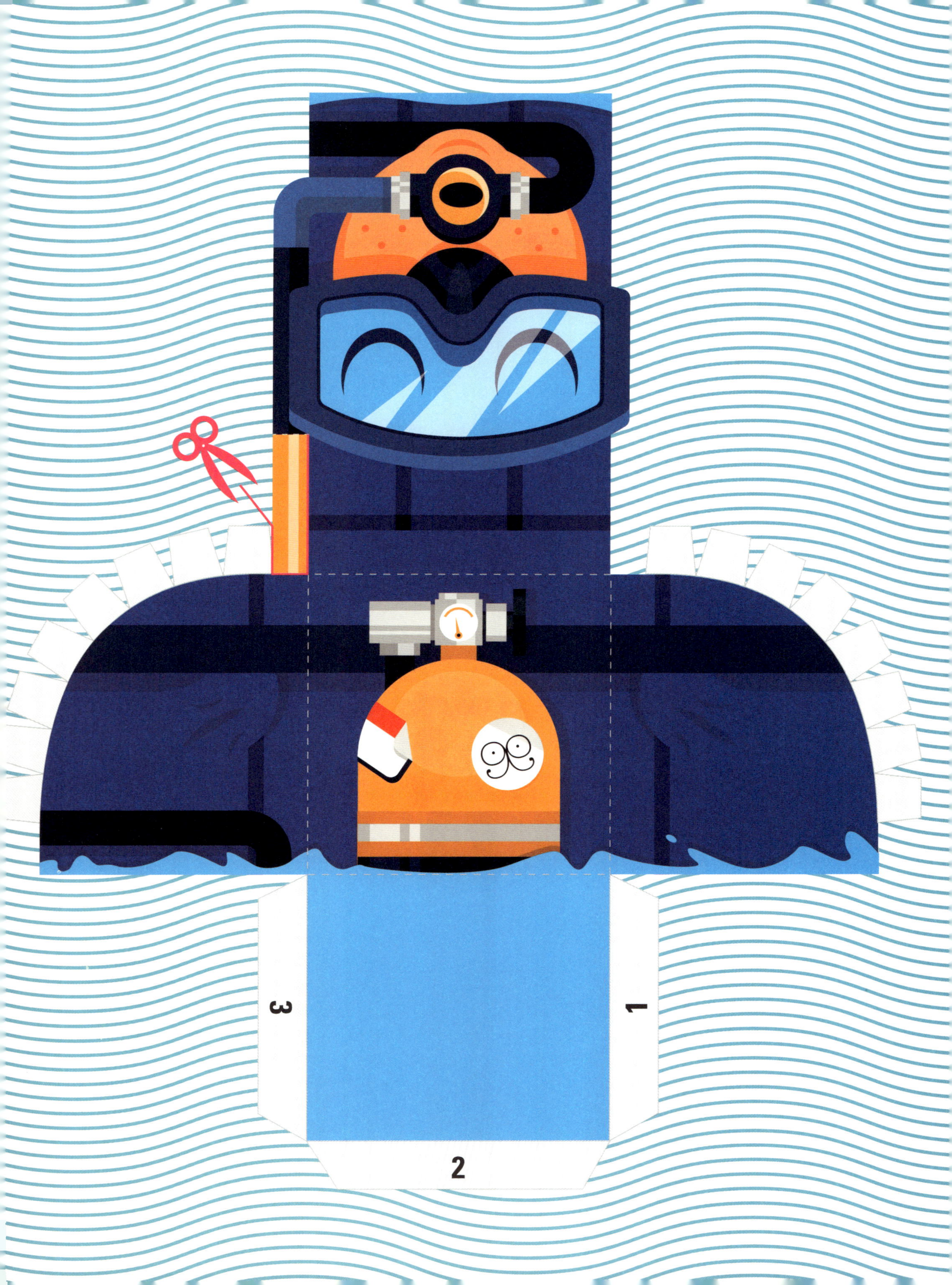
3
1
2

潜水员纸模！

所需材料：

剪刀、胶水。

制作说明：

A. 裁下左页的折纸图案。

B. 沿着玫红色的线将透气管的橙色部分剪开。

C. 沿头部四周的虚线向里侧折叠，沿橙色部分的虚线向上翻折。

D. 现在将所有粘贴片都分别向里翻折一下。

E. 用胶水先将粘贴片1和3与相邻的头部的两个侧边粘起来，形成头部。

F. 在每一个小粘贴片和粘贴片2上涂胶水，与面部粘牢，制作就完成啦！

游戏4

泳池与气泡框

绘图：罗曼·塔扎克

最早用于游泳的浴池是由古希腊人创造的，并由罗马人改良。乔治想象了这个古代的场景。

A. 这些对话气泡框被弄乱了，请找出来谁说了什么。

人物	1	2	3	4	5	6	7	8	9
气泡框									

B. 圈出10个不适宜的物品，也就是说在古代不存在的10种东西。

■ **游戏5** ■

海底漫步

绘图：戈瓦莱蒂斯 · 莫雷

乔治在他的信箱里发现了一张广告单，见右页。

A. 帮助这个游泳的人在迷宫中选出合适的路线，追上那些鱼。

B. 西蒙曾经向乔治说起过“浮潜”，但乔治已经忘了它确切的含义。请看图，画掉每组释义中解释不正确的一项含义。

浮潜是在
- 海洋里潜游。
- 游泳池里潜游。

浮潜时，身上装备着
- 氧气瓶。
- 面罩、通气管和脚蹼。

目的是观察
- 水下的植物和动物。
- 螃蟹。

浮潜(snorkeling)这个词来自
- 荷兰语“snor”，即“胡子”的意思。
- 英语“snorkel”，即“通气管”的意思。

C. 在这些剪影中，只有一个与右页图中的动物完全吻合，是哪一个呢？

爱鱼之选，浮潜之王！

■ 职业万花筒 ■

我成了体育老师

采访：樊尚·雅多　　绘图：斯特凡妮·拉纳

乔治飞到世界的另一端去见马修，马修现在是新喀里多尼亚的一名体育老师。刚从飞机上下来，乔治就坐上了出租车，然后又乘坐一艘独木船，最后才到达一个小岛。

这个小木筏出海时不会翻吗？

马修　不会的，这是一艘卡纳克人用来出行、采购和钓鱼的独木船。

你小时候梦想从事什么工作？打鱼吗？

马修　我梦想……不工作！我想要去旅行，想要自由。

你是什么时候来的新喀里多尼亚？

马修　我来这有十几年了，在完成体育运动科学与技术的学业之后，我得到了一个在这里一所中学当体育老师的机会。

你不后悔离开家乡吗？

马修　两年前，我在法国休息了一段时间。但我太想念这个小岛了。

你工作的那所学校离大海远吗？

马修　大概有10公里的距离，并不近。但我住在潮汐岛，岛宽约有26公里。

你会经常带学生去游泳吗？

马修　会，尤其在年底的时候，我会推荐一些海底漫步的活动。我们会走一些水下路线，我教他们在浅水区使用脚蹼、面罩和通气管浮潜。

你们会遇到很多鱼类吗？

马修　会的，它们都是受到保护的。我们会碰到石斑鱼、鹦嘴鱼、燕子鱼、金鳞鱼、波纹唇鱼……

它们的名字很有趣！会遇到鲨鱼吗？要是遇到的话应该就没那么好玩了吧。

马修　我会避免带学生去那些大鲨鱼聚集的地方。

你碰到过鲨鱼吗？

马修　有，有时会遇上。它们对我们特别好奇，但当发现我们不是真正的猎物时就会离开，感觉它们更害怕我们。

你有什么其他的爱好吗？

马修　划皮艇、钓鱼、跟岛上的居民聊天……还有旅行。

可以给我讲讲你最美好的记忆吗？

马修　有一次我在划皮艇的时候，突然有只眼睛从水里露出来，这是一头鲸的眼睛，它在观察我。当我看到它的幼鲸怯生生地靠近时，我懂了，它在确认它的宝宝是不是可以跟我一起安全地玩耍。看到妈妈同意了，小鲸鱼开始围着我转圈，一会儿跳出水面，一会儿仰面游动！真是太奇妙了！

潜水手势

绘图：斯特凡妮 · 拉纳

在古代，马其顿国王亚历山大大帝就使用过潜水钟潜入水下。此后，潜水装置不断被改进，但人们一直无法在水下交谈。因此，人们在水下使用一套手语来进行交流。乔治带大家来了解其中的几种。

知识点

这是一种全世界通用的代码。在首次潜水前必须学习这种代码，以免发生事故。

游戏

乔治记下了右页图片中各种潜水手势的意思，他把下面的一串手势解读了出来，但他犯了点小错误。请你来改正！

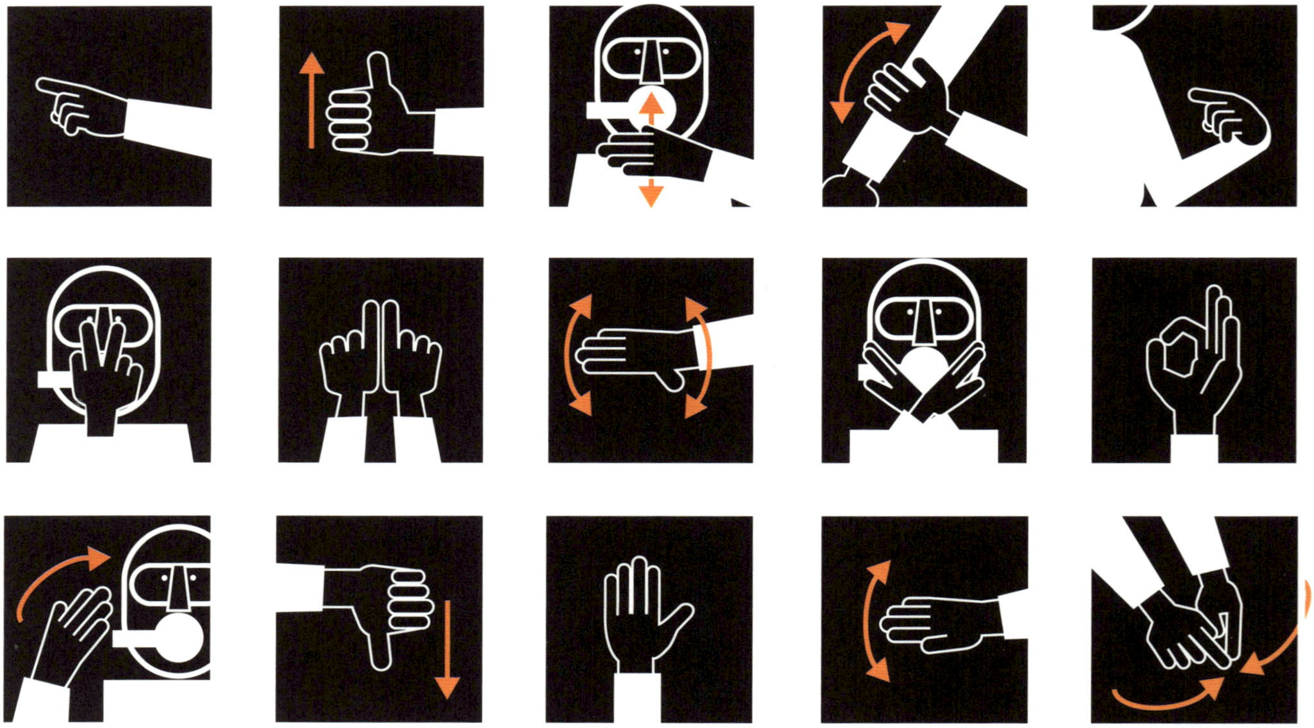

你－下降－氧气有问题－我好冷－你－在一起－看－轻轻地－练习结束－不－来我这边－下降－一切顺利－不对劲－我好冷

现在试着用这些手势与你的朋友交流，就像你们在海底一样！

一切顺利

不对劲

氧气有问题

我

你

下降

上升

停

练习结束

我好冷

结队

在一起

来我这边

轻轻地

不

看

海洋瓶

绘图：斯特凡妮 · 拉纳

为了传递信息，有些人会在瓶子里塞上小纸条，然后将瓶子扔进海里。乔治教你反其道而行之，将大海装进瓶子里！以下就是制造波浪的方法。

所需的材料：

- 250毫升白醋
- 500毫升食用油（例如菜籽油或葵花籽油）
- 10滴食用蓝色素
- 1个漏斗
- 一些小装饰物
- 1个容量为750毫升的瓶子

制作方法：

如果有需要，先将瓶子洗净。

倒入白醋。

加入10滴左右食用蓝色素。

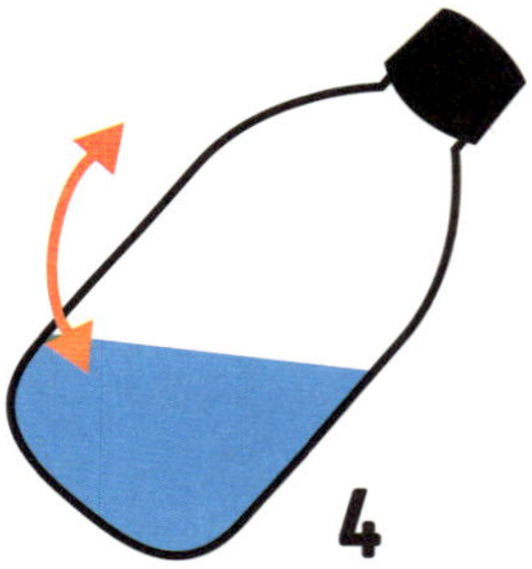

盖上瓶盖，混合均匀。

倒入食用油。

6

重新盖好瓶盖，轻轻摇晃形成“地中海”式的波浪，或者用力摇晃形成“大西洋”式的波浪。

现在你可以在里面加入闪光片、贝壳、小玩具……

索奥尔特奥瑟戈

位于大西洋沿岸的法国小镇

耶尔

位于地中海沿岸的法国小镇

双层果味气泡水

绘图：斯特凡妮 · 拉纳

在炎热的夏天，乔治喜欢在泳池边喝一小杯果味气泡水！下面是乔治的几个建议，教大家如何调配一杯出色的果味气泡水，以及如何进行装饰的小诀窍。你也可以使用其他原料来改变配方哟！

制作果味气泡水前的准备：

惊喜小冰块

提前一天制作冰块，在每个冰格中加入一块水果或一片薄荷叶。

霜花杯沿

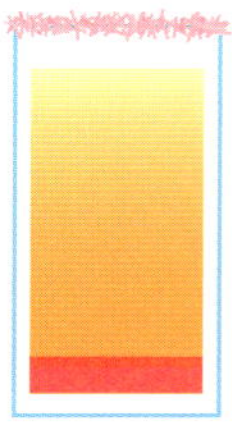

将玻璃杯的杯口在水中浸湿（杯口朝下），然后沾上一些砂糖或者椰子粉。也可以加一点糖浆给它上色。

一片或一串水果

切一片柑橘，然后开一条口子，以便可以将它卡在杯沿上。

将切好的水果块穿在小木签上做成果串，然后放在杯子上。

螺旋状果皮

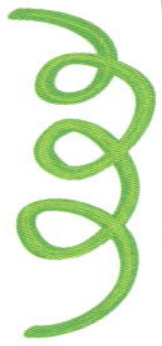

请大人帮忙用削皮器削出一条长长的果皮。将果皮卷在铅笔上，并用别针固定。在冰箱内放置五分钟，然后取出作为装饰。

果味气泡水材料： 石榴汁、橙汁、气泡水。

步骤：

倒入一点糖浆。

匙背朝外，用汤匙抵住玻璃杯内壁，顺着匙背轻轻倒入橙汁。

加入气泡水。

游戏答案

这就是封面和封底的7个不同之处：

游戏1 扑通，扑通！

A 和 C答案见下图，A题中7个不合理的地方用白色圆圈圈出。

B. 1：自然 2：燃烧 3：稍微 4：威力 5：荔枝 6：织毛衣 7：伊始 8：使者

游戏2 如鱼得水

1：蟹 2：鸭子 3：海龟 4：鲸 5：蛇 6：龙虾 7：章鱼 8：海马 9：企鹅

游戏4 泳池与气泡框

A. 请见下面的表格。

人物	1	2	3	4	5	6	7	8	9
气泡框	F	G	I	A	D	H	E	B	C

B. 需要圈出：冰激凌、救生圈、桌上游戏、沙滩球、充电手机、游泳臂圈、米老鼠T恤、棒球帽、长躺椅和易拉罐。

游戏5 海底漫步

A. 见右图。

B. 正确释义有：**浮潜是在海洋里潜游；浮潜时，身上装备着面罩、通气管和脚蹼；目的是观察水下的植物和动物。浮潜（snorkeling）这个词来自英语“snorkel”，即“通气管”的意思。**

C. 章鱼的剪影。

语言研究所 潜水手势

红色部分是订正答案：

你-**上升**-氧气有问题-我好冷-**我**-**看**-**在一起**-**不对劲**-练习结束-**一切顺利**-来我这边-下降-**停**-**轻轻地**-**结队**